文化转型与
现代中国丛书

U0181001

江南寻城

上海卫所城市历史形态研究

（彩图附册）

孙昌麒麟 著

上海书店出版社
SHANGHAI BOOKSTORE PUBLISHING HOUSE

目　录

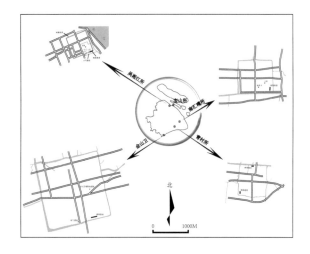

图 1　上海地区卫所城遗址现状

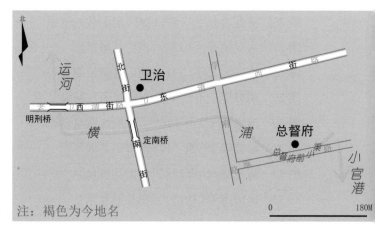

图 2　金山卫城横浦复原

注：褐色为今地名

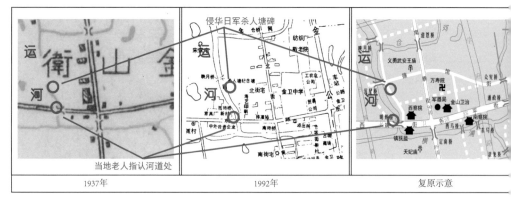

图 3　金山卫城运河南段复原

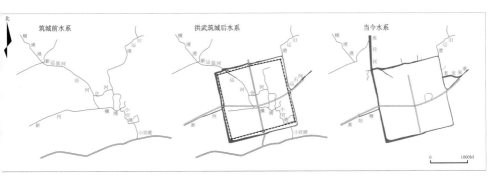

图 4　金山卫城水系变迁

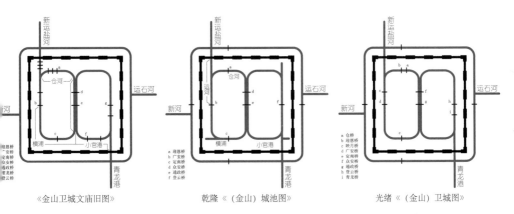

图 5　传统舆图中金山卫城桥梁分布空间拓扑图

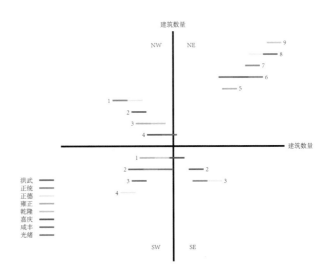

图 6　金山卫城建筑的时空分布

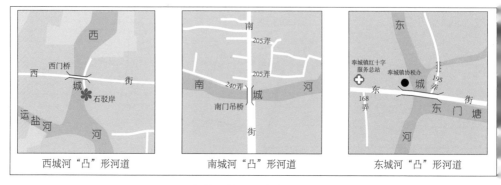

图 7 青村所护城河的外"凸"形河道

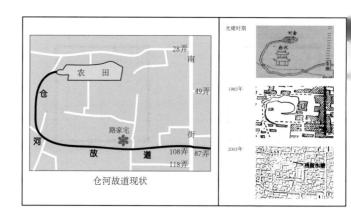

图 8 青村所城仓河变迁

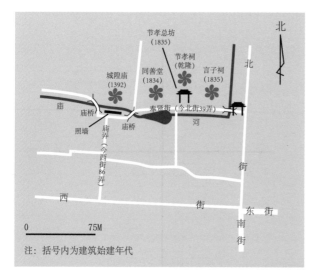

图 9 青村所城奉贤街复原

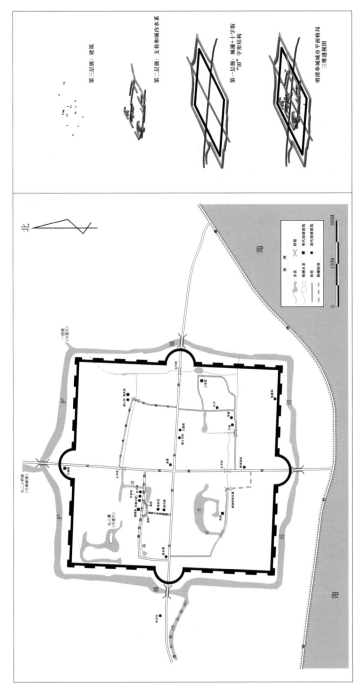

图 10 青村所城三层城市形态示意

图 11　高桥镇青龙桥

图 12　青村所筑城前聚落复原示意

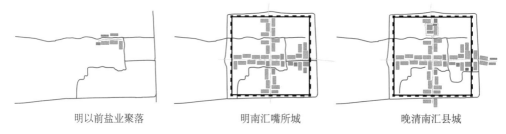

明以前盐业聚落　　　　明南汇嘴所城　　　　晚清南汇县城

图 13　南汇嘴所城各时期平面形态简图

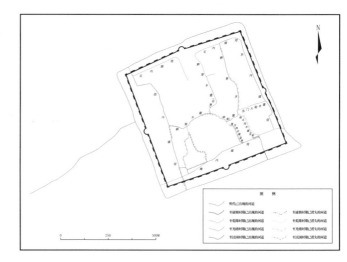

图 14　吴淞江所城水系变迁

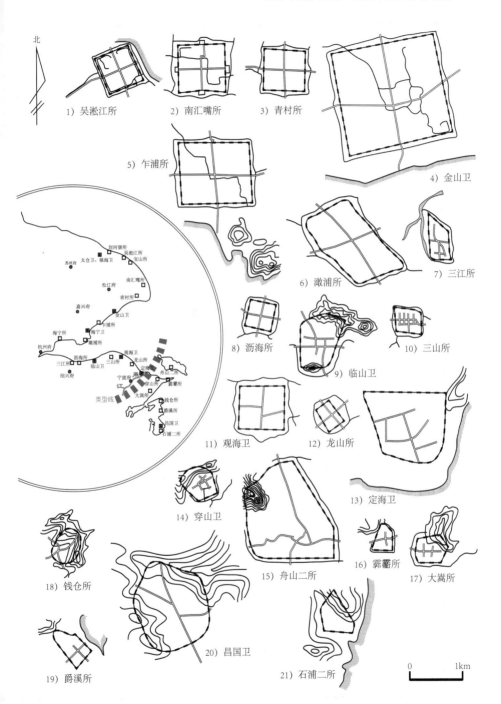

图 15　江南沿海卫所城同比例尺示意图

图 16 明正德十二年（1517）金山卫城复原

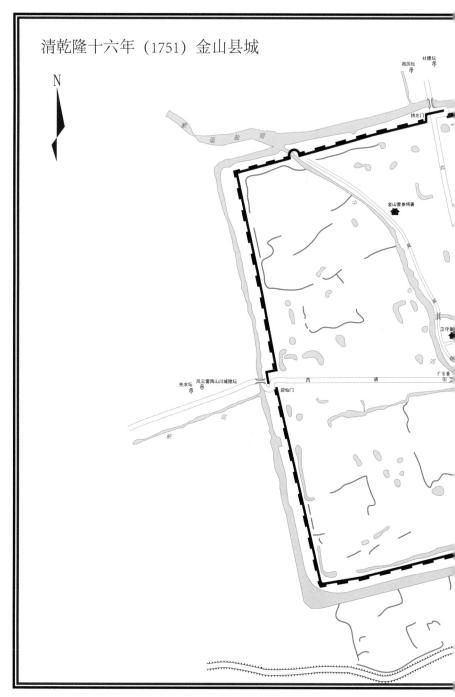

图 17　清乾隆十六年（1751）金山县城复原

旧运港

石　河

旧仓基

仓桥

小教场

城隍庙

卫学文庙

敕武肃王庙

忠义祠　　第五桥

众安桥

上真观

馆

中军守备署

通政桥　火神庙

杨家桥　军工桥

西青桥　　　兴胜桥

白马桥　　通济桥

旧参府基

三官堂

暘阳门

镇海门

天后宫

定海庵

筱馆瞭望台

0　　　　　250M

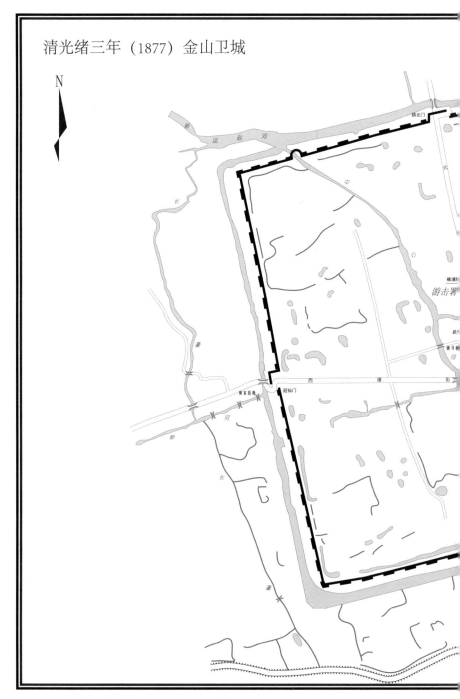

图 18　清光绪三年（1877）金山卫城复原

储南仓基
仓桥
小教场
文昌阁
卫学文庙
城隍庙
大观书院
三忠祠
众安桥
飞云楼
寺备署基
治基
青龙桥
通政桥
帅府基
西界桥
东界桥
瞻阳门
镇海门
天后宫
筱馆瞭望台
定海庵

0　　　　250M

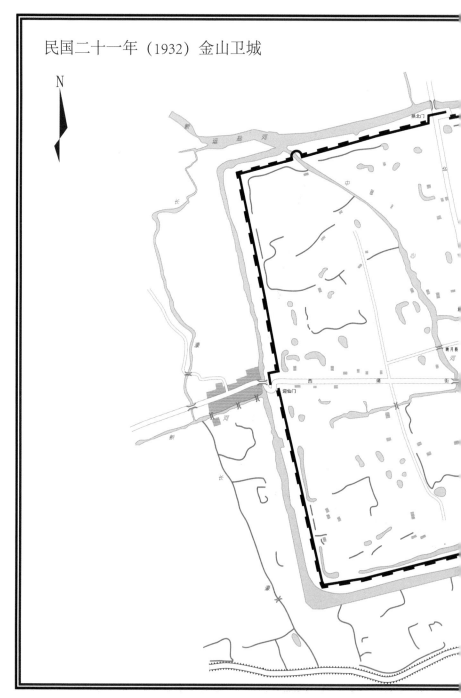

图 19　民国二十一年（1932）金山卫城复原

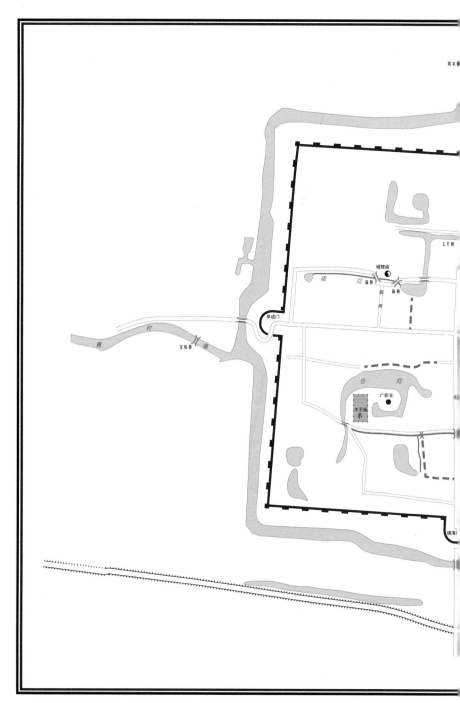

图 20　明正德十二年（1517）青村所城复原

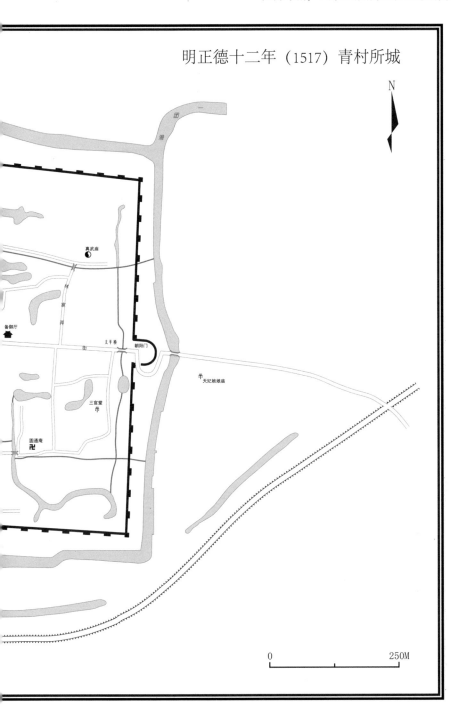

明正德十二年（1517）青村所城

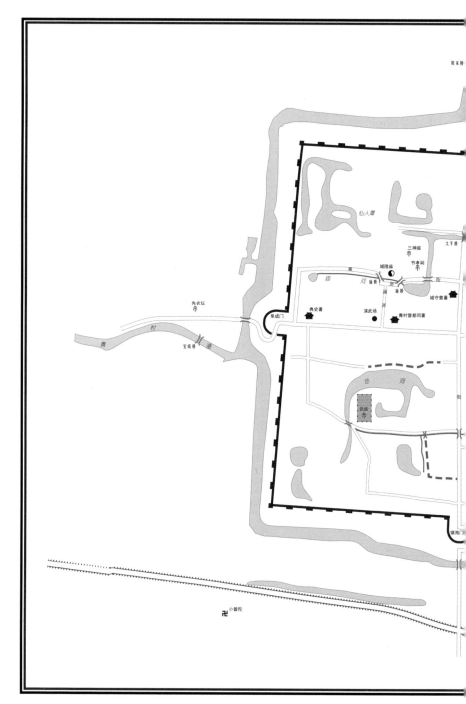

图 21　清乾隆十九年（1754）奉贤县城复原

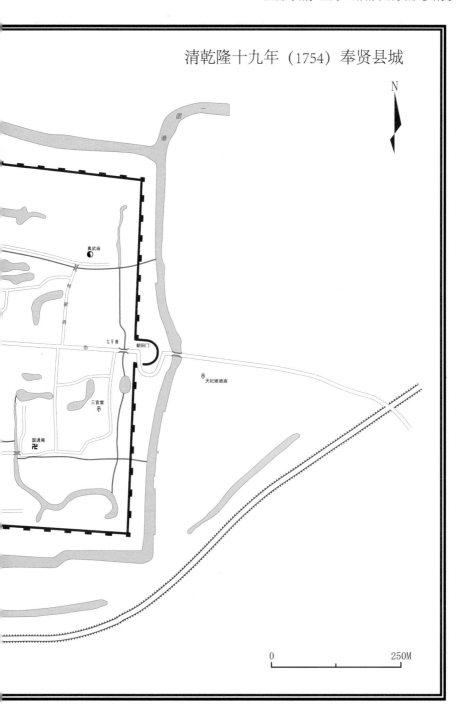

清乾隆十九年（1754）奉贤县城

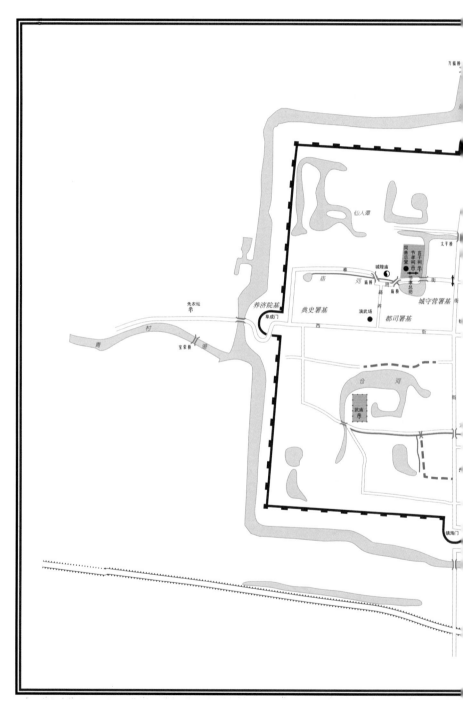

图 22　清光绪三年 (1877) 奉贤县城复原

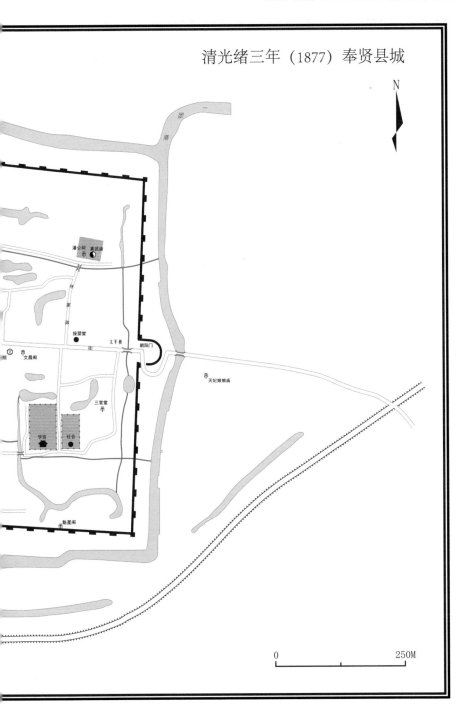

清光绪三年（1877）奉贤县城

图 23　民国四年（1915）奉城镇复原

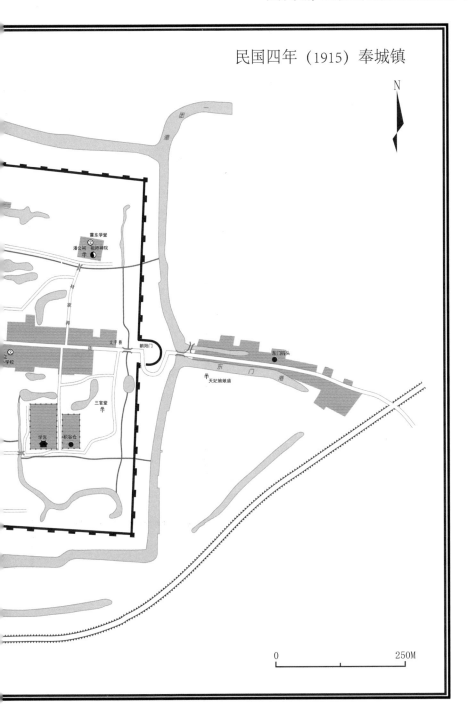

民国四年（1915）奉城镇

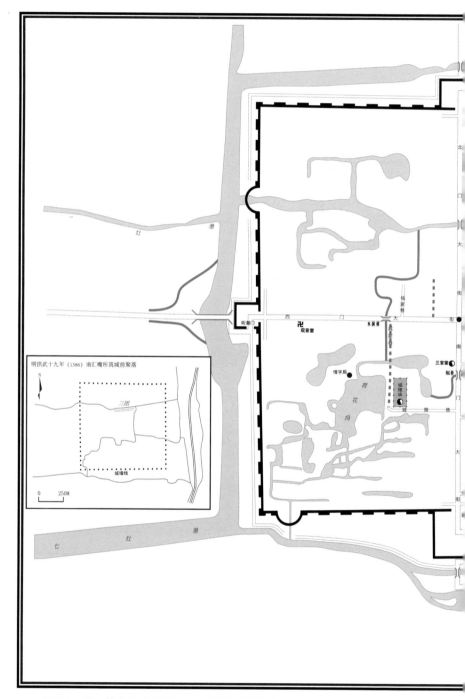

图 24　明正德十二年（1517）南汇嘴所城复原

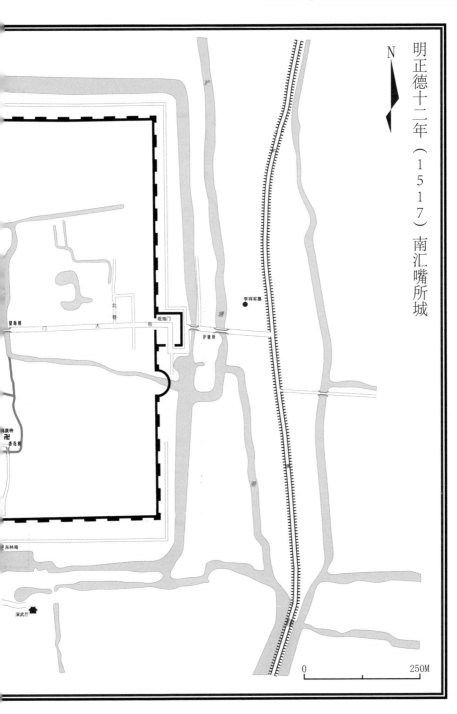

明正德十二年（1517）南汇嘴所城

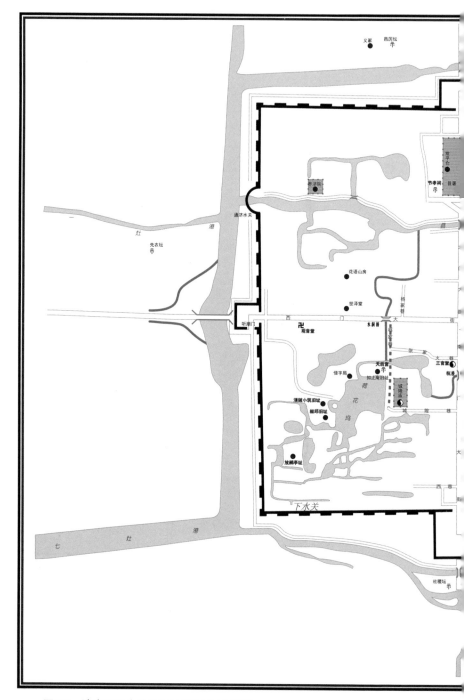

图 25　清雍正八年（1730）南汇县城复原

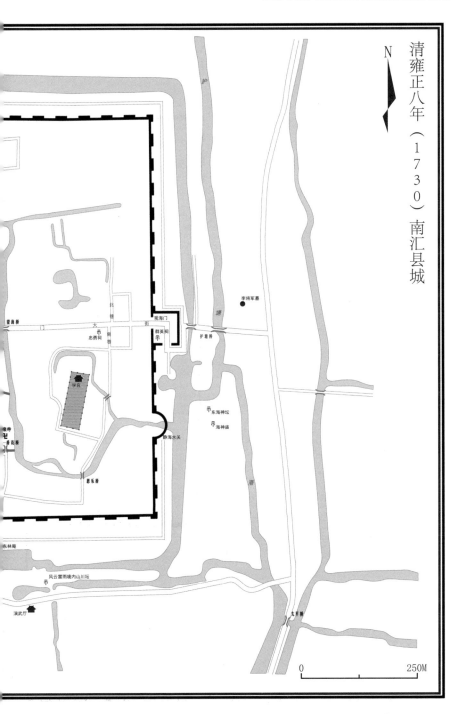

清雍正八年（1730）南汇县城

N

0　　　　　　　250M

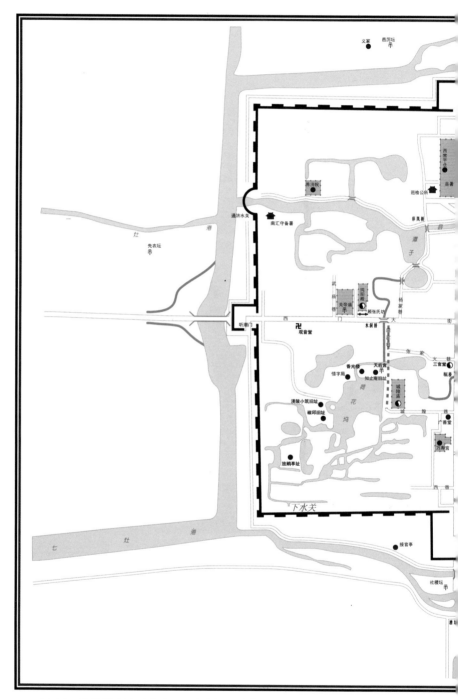

图 26　清乾隆五十八年（1793）南汇县城复原

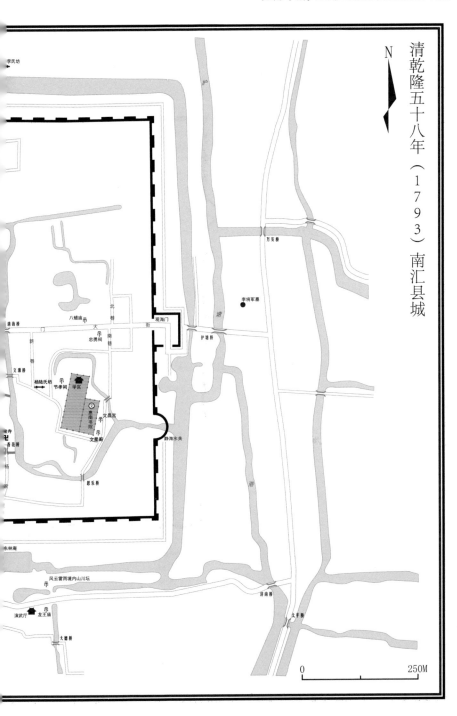

清乾隆五十八年（1793）南汇县城

李氏坊

李将军墓

万安桥

八蜡庙
大
忠勇祠

北横街

观海门
面街

护塘桥

沥海桥
新塘

文星桥
杨陆氏坊
节孝祠　孝宫
惠南书院
文星庙
改盐宫
文昌阁

海寺
善花桥

杨

恩乐桥

静海水关

东林庵

风云雷雨境内山川坛

济南桥
左军桥

演武厅
龙王庙

大德桥

0　　　　　　　250M

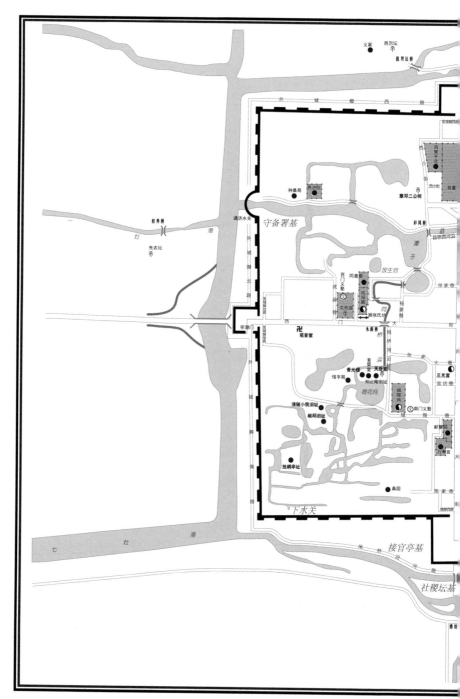

图 27　清光绪五年(1879)南汇县城复原

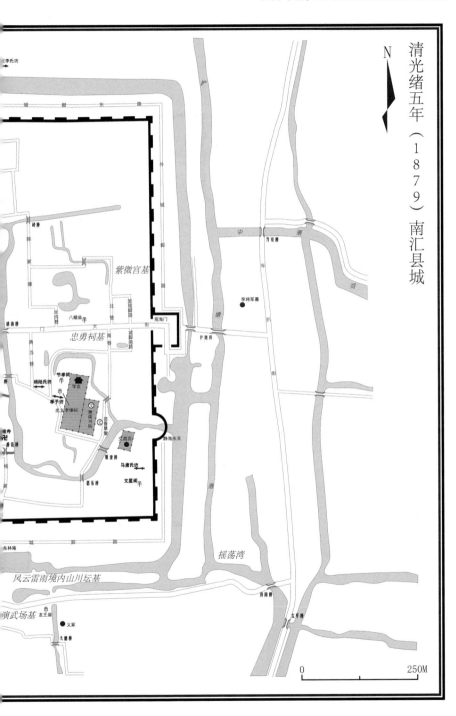

清光绪五年（1879）南汇县城

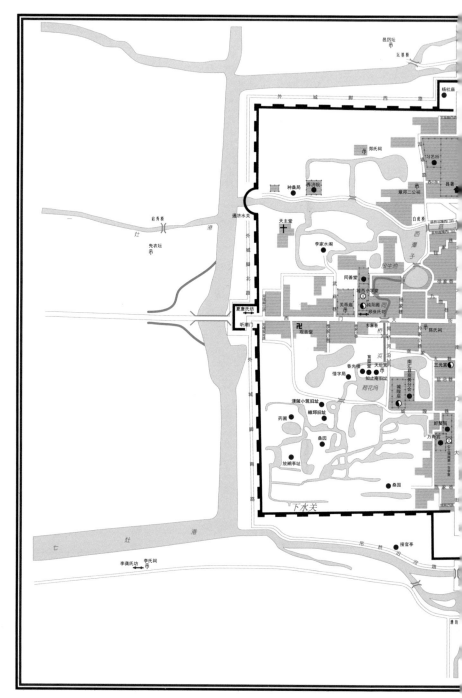

图 28 清宣统三年（1911）南汇县城复原

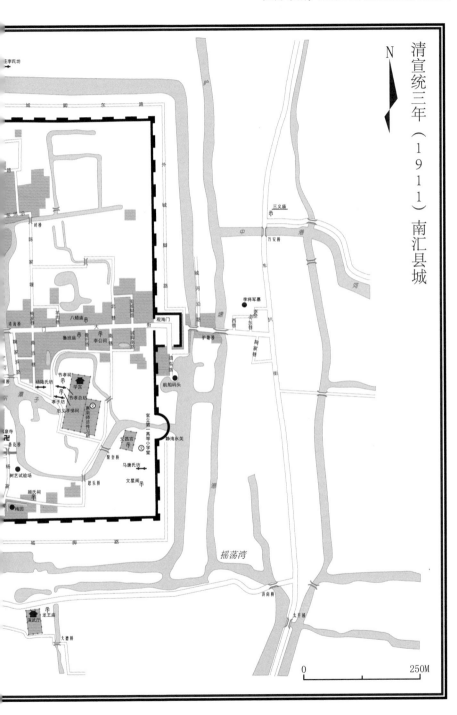

清宣统三年（1911）南汇县城

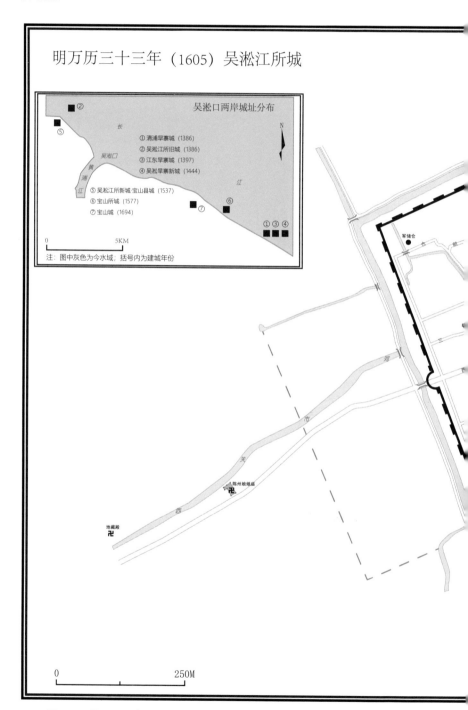

明万历三十三年（1605）吴淞江所城

吴淞口两岸城址分布

① 清浦旱寨城 (1386)
② 吴淞江所旧城 (1386)
③ 江东旱寨城 (1397)
④ 吴淞旱寨新城 (1444)

⑤ 吴淞江所新城·宝山县城 (1537)
⑥ 宝山所城 (1577)
⑦ 宝山城 (1694)

0   5KM

注：图中灰色为今水域；括号内为建城年份

长 江

吴淞口

黄浦江

军储仓

0   250M

图29 明万历三十三年（1605）吴淞江所城复原

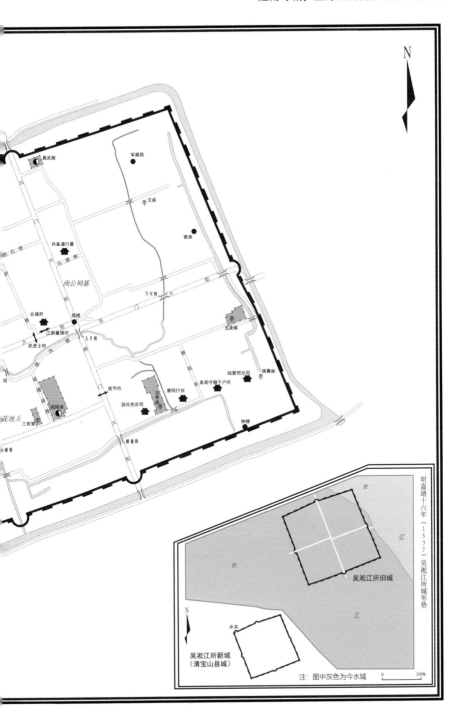

真武殿

军器局

文庙

兵备道行署

营房

大兵道巷

尚公祠基

总镇府

鼓楼

江南重镇坊

武进士坊

五圣庙

陆营把总司

旗纛庙

城隍庙

花池头

吴淞守御千户所

三官堂

旌节坊

察院行台

游兵把总司

吴帝庙市

钟楼

水关桥

明嘉靖十六年（１５３７）吴淞江所城形势

江

长江

吴淞江所旧城

水关

吴淞江所新城
（清宝山县城）

注：图中灰色为今水域

0　　　　500M

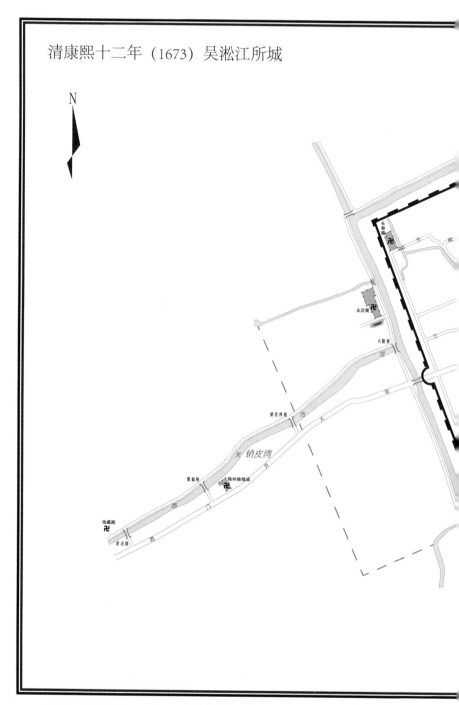

图 30　清康熙十二年（1673）吴淞江所城复原

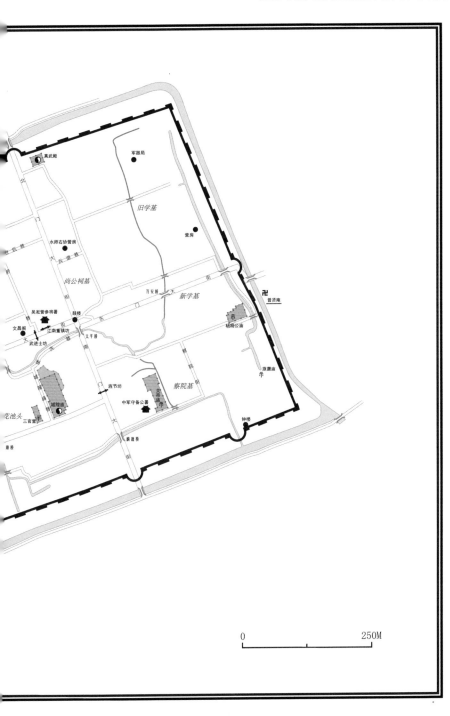

0　　　　　　　　　　　　250M

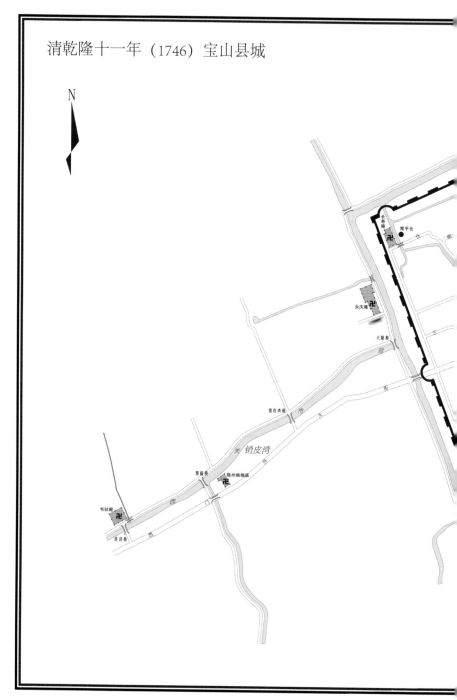

图 31 清乾隆十一年（1746）宝山县城复原

长

江

河

0　　　　　　　　　　　　250M

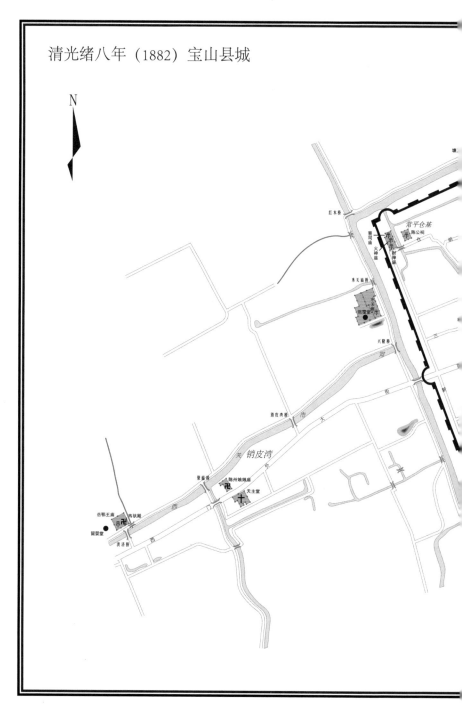

图 32　清光绪八年（1882）宝山县城复原

民国四年（1915）宝山县城

N

图33 民国四年（1915）宝山县城复原

长

江

0　　　　　　　　　250M

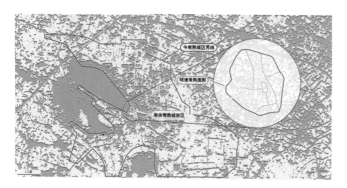

图 34　常熟城区今昔对比

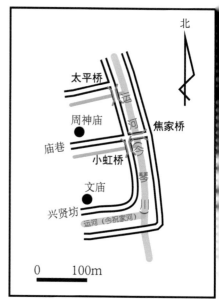

图 35　南宋常熟周神庙周
边三桥位置关系

图 36　宋代常熟城运河南段复原

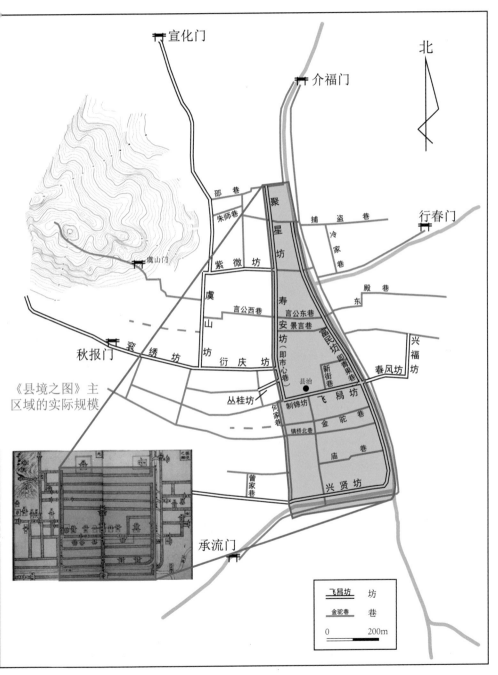

图 37　南宋常熟坊巷复原

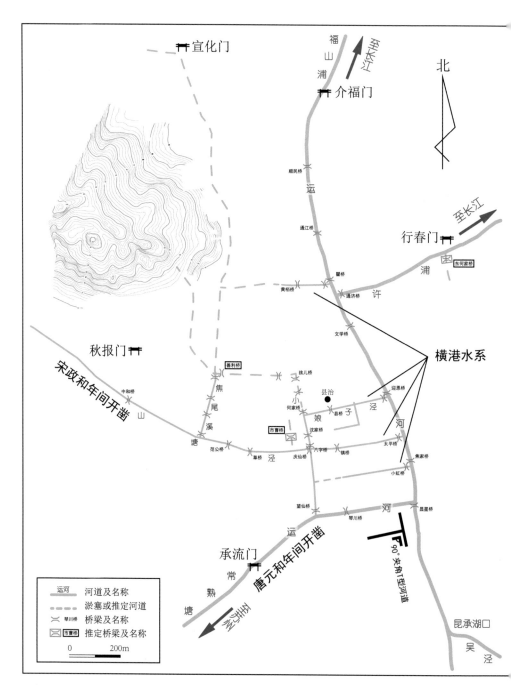

图 38 南宋常熟桥梁和水系复原

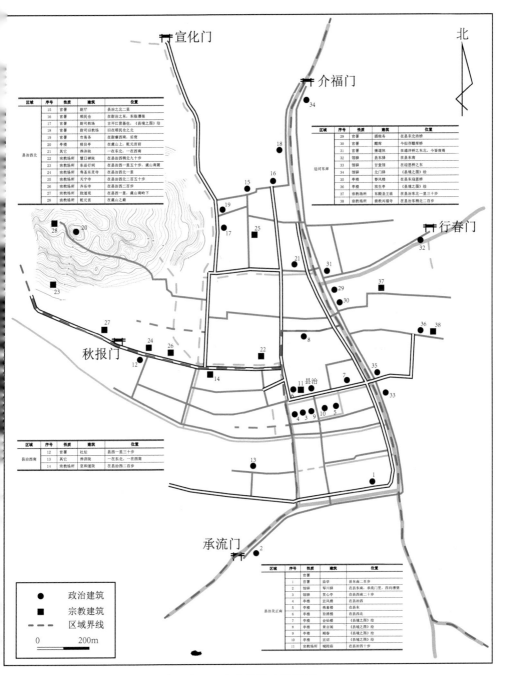

图39　南宋常熟建筑复原

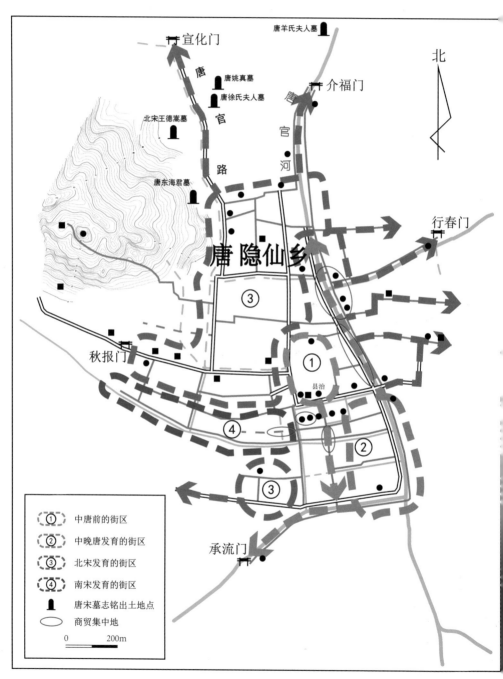

图 40 唐宋常熟城市街区发育过程

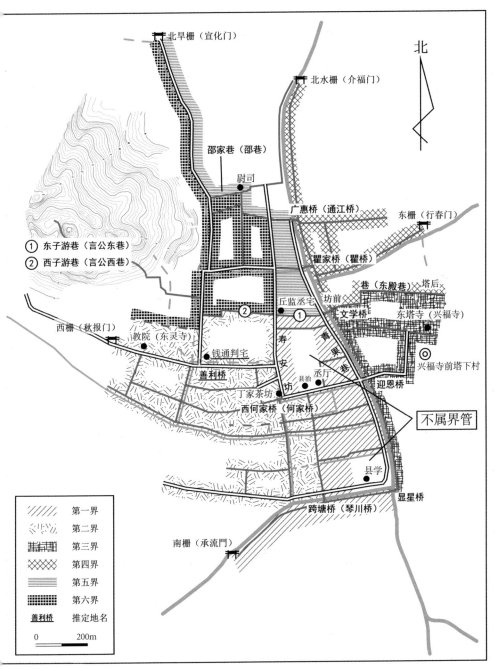

图 41　南宋常熟"界"复原

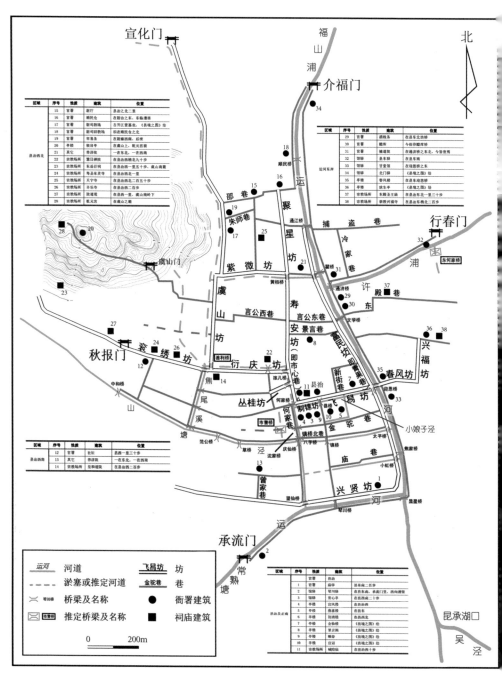

图 42 南宋常熟城市风貌复原